大型泵站标准化管理系列丛书

# 运行巡视作业指导书

本书编委会 编

中国水利水电出版社
www.waterpub.com.cn
·北京·

## 内 容 提 要

巡视作业是泵站运行管理中一项重要的工作，本书在严格遵守泵站工程运行管理相关规程规范的基础上，结合江苏南水北调泵站工程多年来管理工作经验，总结出一套实用的巡视作业标准，包括泵站巡视周期、巡视前准备、巡视内容及标准、巡视记录表单等。在试点泵站试用并取得良好效果后，已在南水北调江苏境内泵站工程推广使用。

本书内容力求简洁清晰，图文并茂、方便实用，可为广大泵站运行管理人员的巡视作业提供参考。

## 图书在版编目（ＣＩＰ）数据

运行巡视作业指导书 / 《运行巡视作业指导书》编委会编. -- 北京：中国水利水电出版社，2019.9
（大型泵站标准化管理系列丛书）
ISBN 978-7-5170-7925-5

Ⅰ．①运… Ⅱ．①运… Ⅲ．①泵站－运行－管理
Ⅳ．①TV675

中国版本图书馆CIP数据核字(2019)第180657号

| 书 名 | 大型泵站标准化管理系列丛书<br>**运行巡视作业指导书**<br>YUNXING XUNSHI ZUOYE ZHIDAO SHU |
|---|---|
| 作 者 | 本书编委会 编 |
| 出版发行 | 中国水利水电出版社<br>（北京市海淀区玉渊潭南路 1 号 D 座　100038）<br>网址：www. waterpub. com. cn<br>E - mail：sales@waterpub. com. cn<br>电话：(010) 68367658（营销中心） |
| 经 售 | 北京科水图书销售中心（零售）<br>电话：(010) 88383994、63202643、68545874<br>全国各地新华书店和相关出版物销售网点 |
| 排 版 | 中国水利水电出版社微机排版中心 |
| 印 刷 | 北京博图彩色印刷有限公司 |
| 规 格 | 260mm×184mm　横 16 开　4.75 印张　115 千字 |
| 版 次 | 2019 年 9 月第 1 版　2019 年 9 月第 1 次印刷 |
| 印 数 | 0001—1500 册 |
| 定 价 | **46.00 元** |

# 本 书 编 委 会

# 前言

在泵站运行管理中，巡视检查是一项关键工作，不能忽视。巡视工作是否到位，对泵站安全运行起到了非常重要的作用，做好巡视检查能够及时发现隐患，有效减少事故的发生，保证工程安全运行，确保工程效益有效发挥。

本书内容涵盖了泵站巡视周期、巡视前准备、巡视内容及标准、巡视记录表等，不仅有效解决了巡视工作的"6W"，还形成了统一明确的泵站巡视标准。本书全面梳理总结南水北调泗洪泵站多年来的巡视检查经验，以实际应用为主线，注重理论联系实际，紧密结合泵站巡视检查工作特点。本书版式简洁清晰、准确全面，并选配了大量现场实物照片，图文并茂、方便实用。

本书编者为长期从事大型泵站工程管理工作多年的人员，由于经验和理论水平所限，书中难免存在错误和不妥之处，敬请读者批评指正。

作　者

2019 年 5 月

# 目录

## CONTENTS

# 1 范围

本指导书适用于南水北调东线一期工程泗洪泵站运行巡视检查，其他大中型泵站可参照执行。

# 2 规范性引用文件

GB/T 30948—2014　泵站技术管理规程

DL 408—1991　电业安全工作规程（发电厂和变电所电气部分）

DL/T 572—2010　电力变压器运行规程

DL/T 587—2007　微机继电保护装置运行管理规程

DL/T 724—2000　电力系统用蓄电池直流电源装置运行与维护技术规程

DB32/T 1360—2009　泵站运行规程（江苏省地方标准）

NSBD 16—2012　南水北调泵站工程管理规程

NSBD 17—2013　南水北调泵站工程自动化系统技术规程

注：凡是注日期的引用文件，仅所注日期的版本适用于本文件。

# 3 泵站基本情况

泗洪泵站工程规模为大（1）型，工程等别为Ⅰ等，相应防洪标准为 100 年一遇设计、300 年一遇校核。泵站设计流量为 $120\text{m}^3/\text{s}$，安装后置灯泡贯流泵 5 台套（含 1 台备机），叶轮直径为 3050mm，单机流量为 $30\text{m}^3/\text{s}$，配套电机功率为 2000kW，总装机容量为 10000kW。泵站主要建筑物泵房、进水池、出水池、防渗范围内的翼墙为 1 级建筑物，上下游引河等次要建筑物为 3 级建筑物，上游公路桥荷载等级为公路-Ⅱ级。工程按地震烈度 7 度设防。水泵、电机、进出水流道在同一层上。泵站出水流道末端事故闸门和工作闸门均采用平面钢闸门，事故闸门内为一道工作闸门，并在工作闸门上设小工作门，QPKY－D－2×250kN 倒挂式快速闸门液压启闭机控制。泵站进水流道入口处设置直立式安全格栅和检修闸门。根据机组安装要求，泵房内设起重量为 320/50kN 的电动桥式行车一台，跨径为 14.5m。泵房西侧布置检修间，泵房东侧布置控制楼共 4 层：一楼布置高压开关室、变频器室、主变室、电抗器室等；二楼布置中央控制室、继电保护室、低压开关室、励磁室等；三楼布置 GIS 室和生产配套用房；四楼布置生产配套用房等。

# 4 总则

（1）运行期每两小时巡视一次主机组、主变压器、励磁系统、直流系统等主要设备，每月巡查 1 次 110kV 架空线路及电缆。
（2）泵站机电设备巡视检查前，应确保现场的运行条件、安全工器具等符合国家或行业标准规定，安全防护用品合格、齐全。
（3）泵站巡视检查人员应具备必要的电气知识、安全生产知识和业务技能，掌握急救基本方法。
（4）泵站巡视检查人员应严格遵守运行巡视检查制度，按照本指导书要求进行巡视检查，确保人员、设备安全。

# 5 巡视前准备

## 5.1 人员要求

巡视对人员的要求见表 5.1。

表 5.1 巡 视 对 人 员 的 要 求

| 序号 | 内　　容 | 备　　注 |
|---|---|---|
| 1 | 人员精神状态正常，无妨碍工作的病症 | 泵站值班负责人应负责审核 |
| 2 | 人员应穿运行服，穿绝缘鞋，挂工作牌 | 泵站值班负责人应负责审核 |

## 5.2 危险点控制措施

危险点控制措施见表 5.2。

### 表 5.2 危险点控制措施

| 序号 | 危 险 点 内 容 | 控 制 措 施 |
|---|---|---|
| 1 | 误碰、误动、误登运行设备 | 巡视检查时，不得进行其他工作（严禁进行电气工作），不得移开或越过遮栏 |
| 2 | 擅自打开设备柜门，擅自移动临时安全围栏，擅自跨越设备固定围栏 | 巡视检查时应与带电设备保持足够的安全距离，6kV 为 0.7m，110kV 为 1.5m |
| 3 | 发现缺陷及异常时单人处理 | 巡视前，检查所使用的安全工器具完好，禁止单人工作 |
| 4 | 发现缺陷及异常时，未及时汇报 | 发现设备缺陷及异常时，及时汇报，采取相应措施；严禁不符合巡视人员要求者进行巡视 |
| 5 | 擅自改变检修设备状态，变更工作地点、安全措施 | 巡视设备时，禁止变更检修现场安全措施，禁止改变检修设备状态 |
| 6 | 检查设备油泵等部件时，电机突然启动，转动装置伤人 | 检查时，保持适当距离 |
| 7 | 高压设备发生接地时，保持距离不够，造成人员伤害 | 高压设备发生接地时，室内不得接近故障点 4m 以内，室外不得靠近故障点 8m 以内，进入上述范围人员必须穿绝缘靴，接触设备的外壳和构架时，必须戴绝缘手套 |
| 8 | 夜间巡视，造成人员碰伤、摔伤、踩空 | 夜间巡视，应及时开启设备区照明（夜巡应带手电筒） |
| 9 | 开、关设备门，振动过大，造成设备误动作 | 开、关设备门应小心谨慎，防止过大振动 |
| 10 | 随意动用设备闭锁钥匙 | 闭锁钥匙上锁 |

| 序号 | 危 险 点 内 容 | 控 制 措 施 |
|---|---|---|
| 11 | 在继电保护室使用移动通信工具，造成保护误动 | 在继电保护室禁止使用移动通信工具，防止造成保护及自动装置误动 |
| 12 | 未按规定佩戴安全防护用具 | 进入设备区，必须戴安全帽、穿绝缘鞋 |
| 13 | 进出设备间，未随手关门，造成小动物进入 | 进出设备间，必须随手将门关闭，并检查挡鼠板完好 |
| 14 | 未按照巡视线路巡视，造成巡视不到位，漏巡 | 严格按照巡视线路巡视 |
| 15 | 使用不合格的安全工器具 | 严禁使用未经检验合格或过有效期的安全工器具 |

### 5.3　巡视工器具

巡视工器具清单见表5.3。

**表5.3　巡视工器具清单**

| 序号 | 名称 | 单位 | 数量 | 图例 | 序号 | 名称 | 单位 | 数量 | 图例 |
|---|---|---|---|---|---|---|---|---|---|
| 1 | 安全帽 | 顶 | 6 | | 3 | 绝缘手套 | 双 | 2 | |
| 2 | 绝缘靴 | 双 | 2 | | 4 | 望远镜 | 副 | 1 | |

| 序号 | 名称 | 单位 | 数量 | 图例 | 序号 | 名称 | 单位 | 数量 | 图例 |
|---|---|---|---|---|---|---|---|---|---|
| 5 | 测温仪 | 只 | 1 | | 10 | 噪声测试仪 | 只 | 1 | |
| 6 | 手电筒 | 把 | 2 | | 11 | 振动检测仪 | 只 | 1 | |
| 7 | 录音笔 | 个 | 1 | | 12 | 六氟化硫检漏仪 | 台 | 1 | |
| 8 | 钥匙 | 套 | 1 | | 13 | 防毒面具 | 副 | 2 | |
| 9 | 对讲机 | 台 | 5 | | | | | | |

# 6 运行巡视检查制度

（1）值班人员在运行值班期间，应按规定的巡视路线和巡视项目进行巡查。

（2）管理单位应明确有权单独进行巡视的人员名单，除此以外，巡视检查一般由值班长带领值班员进行，巡视检查中应严格遵守《南水北调泵站工程管理规程》《电业安全工作规程》等相关规定，注意设备及人身安全。

（3）巡视检查重点包括以下方面内容：

1）操作过的设备。

2）检修试验中的安全措施。

3）缺陷消除后的设备。

4）运行参数异常的设备。

5）防火检查。

6）上下游河道。

（4）每两小时巡视一次，遇有下列情况应增加巡视次数：

1）恶劣气候。

2）设备过负荷或负荷有显著增加。

3）设备缺陷近期有发展。

4）新设备或经过检修、改造或长期停用后的设备重新投入运行。

5）运行设备有异常迹象。

（5）巡视检查时应随身携带必要的工器具（如手电筒、噪声测试仪、振动检测仪等），检查时应认真、细致，根据设备运行特点采取看、听、摸、嗅等方式进行。

（6）巡视检查中发现设备缺陷或异常情况，应及时处理并详细记录在运行记录上。对重大缺陷或严重情况应及时向值班负责人汇报，并采取及时有效的处置措施。

**7** 巡视路线图

泵站巡视路线图见图 7.1。

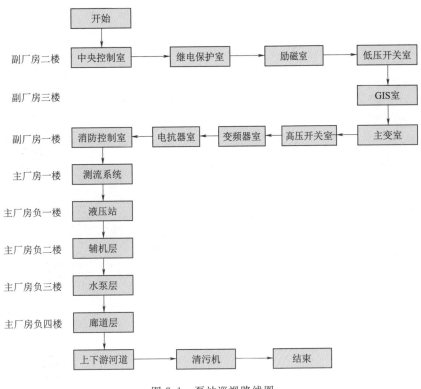

图 7.1 泵站巡视路线图

# 8 巡视内容及标准

## 8.1 中控室

中控室巡视内容及标准见表 8.1。

**表 8.1　中控室巡视内容及标准**

| 部位 | 巡视内容 | 巡视标准 | 巡视方法 | 图例 |
|---|---|---|---|---|
| 中控室 | 运行环境 | 1. 门窗完好<br>2. 屋顶及墙面无渗、漏水<br>3. 室内清洁，无蛛网、积尘<br>4. 中控台桌面清洁，物品摆放有序 | 目测 | |
| | 照明 | 照明完好，无缺陷 | 目测 | |
| | 温、湿度 | 室内温度 15～30℃，湿度不高于 75% 且无凝露，否则应开启空调、除湿设备 | 使用温湿度计 | |
| 中控台 | 工控计算机 | 1. 工控机（OP1、OP2）工作正常，无异常信息和声响<br>2. 软件运行流畅，界面调用正常，无延迟<br>3. 监控软件界面中设备位置信号与现场一致<br>4. 机组及辅机监控设备通信正常，数据上传正确，状态指示正确<br>5. 语音报警正常 | 目测 | |
| | 打印机 | 1. 打印机工作正常<br>2. 报表打印清晰<br>3. 打印纸足量 | 目测 | |

| 部位 | 巡视内容 | 巡 视 标 准 | 巡视方法 | 图 例 |
|------|---------|-----------|---------|-------|
| 中控台 | 视频系统 | 1. 计算机运行正常，无异常声响，显示器显示正常<br>2. 软件运行流畅，无卡滞<br>3. 摄像头调节控制可靠，录像调用正常<br>4. 画面清晰，无干扰 | 目测 | |
| | 测振系统 | 1. 计算机运行正常，无异常声响，显示器显示正常<br>2. 软件运行流畅<br>3. 数值上传正确，实时刷新 | 目测 | 测振系统界面　工程监控主机界面 |
| | 工程监控主机 | 1. 计算机运行正常，无异常声响，显示器显示正常<br>2. 软件运行流畅，数据实时刷新 | 目测 | |

## 8.2 继保室

继保室巡视内容及标准见图8.2。

表8.2 继保室巡视内容及标准

| 部位 | 巡视内容 | 巡视标准 | 巡视方法 | 图例 |
|---|---|---|---|---|
| 继保室 | 运行环境 | 1. 门窗完好<br>2. 屋顶及墙面无渗、漏水<br>3. 室内清洁，无蛛网、积尘 | 目测 | |
| | 照明 | 室内照明保持完好，无缺陷 | 目测 | |
| | 温、湿度 | 室内温度在5～30℃，湿度不高于75%且无凝露，否则应开启空调、除湿设备 | 使用温湿度计 | |
| | 挡鼠板 | 挡鼠板固定牢固，完整，无残缺、破损 | 目测 | |
| 网络屏柜 | GPS时钟 | 时钟装置时间显示准确，1PPS指示灯应每秒闪烁一次 | 目测 | |
| | 服务器 | 数据库服务器工作正常，无报警信息和异常声响 | 目测、耳听 | |

| 部位 | 巡视内容 | 巡 视 标 准 | 巡视方法 | 图　例 |
|------|----------|--------------|----------|--------|
| LCU 柜 | 指示灯 | 1. PLC 的 CPU 模块指示灯指示正常<br>2. 交流电源、直流电源、主控电源、辅助电源指示灯常亮，为红色 | 目测 | 电源指示灯　运行正常时显示 Run |
| | 显示屏 | 1. 现地显示屏显示参数正确，操作灵敏、可靠，无报警等异常信息<br>2. PLC 开入量、开出量、模入量、温度量等显示正确，通信良好，工作正常 | 目测 | |
| | 控制权限开关位置 | 控制权限开关位置在"远方"位置 | 目测 | 远方　现地　控制权限 |
| | 继电器 | 外壳无破损，线圈无过热，接点接触良好 | 目测 | |

| 部位 | 巡视内容 | 巡视标准 | 巡视方法 | 图　例 |
|---|---|---|---|---|
| 视频监控屏 | 电源、通信 | 1. 电源供电可靠，工作正常<br>2. 设备通信正常，无异常报警 | 目测 | |
| | 接线 | 接线紧固，接线端子无发热变色现象，无异味 | 目测、鼻嗅 | |
| | 录像机 | 录像机录像、硬盘指示灯正常 | 目测 | |
| 电度表屏 | 设备 | 1. 接线盒及柜体后门铅封完好<br>2. 数据显示正常<br>3. 信号灯闪烁 | 目测 | |

| 部位 | 巡视内容 | 巡视标准 | 巡视方法 | 图例 |
|---|---|---|---|---|
| 主变保护屏 | 保护装置 | 1. 保护压板投、退位置正确，压接牢固，编号清晰<br>2. 变压器差动保护装置、变压器非电量保护装置、变压器后备保护装置无异常指示，现地显示屏显示清晰，无报警信号<br>3. 远动通信装置工作正常，无报警信号<br>4. 电能质量在线检测装置运行正常，无报警信号 | 目测 | <br>主变温度<br>保护压板<br>保护装置误报警，报警时红灯长亮 |
| | 仪表、通信 | 1. 变压器温显仪温度显示正确，通信正常，与现场及上位机示值一致<br>2. 网络通信设备运行指示灯显示正常，网络畅通 | 目测 | |
| 逆变屏 | 电源 | 1. 输出电压、输出电流数据显示正常<br>2. 直流输入、交流输入指示灯常亮，为红色<br>3. 10kV 进线、1～5 号 LCU、公用 LCU、辅机、液压站、视频屏、网络屏、中控台、主变屏、远动屏、传输设备柜交流电源空气开关在合闸位置，指示灯亮红色 | 目测 | <br>UPS 显示屏内各状态显示正常 |
| | 电力专用单机 UPS | 1. UPS 电源面板指示灯显示正确<br>2. UPS 无故障指示 | 目测 | |

运行巡视作业指导书

| 部位 | 巡视内容 | 巡视标准 | 巡视方法 | 图例 |
|---|---|---|---|---|
| 直流电源屏 | 电压、电流 | 1. 蓄电池控制母线电压保持在220V，变动不超过±2%（215～225V）<br>2. 直流母线正对地、负对地电压应符合要求 | 目测 | |
| | 绝缘 | 检查直流系统绝缘现象，正、负极对地绝缘电阻值大于200kΩ，现场显示屏显示绝缘值为999.9K | 目测 | |
| | 显示屏 | 现地显示屏无报警，操作灵敏，每只蓄电池的电压无明显异常，电压范围为10.8～15.6V | 目测 | |
| | 高频开关 | 1. 屏、柜应清洁，柜门严密，柜体接地良好<br>2. 检查充电机各模块工作正常，交流电源电压正常<br>3. 面板上各指示灯指示正确，除备用外，灯全亮，为红色<br>4. 屏内接线无松脱、发热、变色现象 | 目测 | |

| 部位 | 巡视内容 | 巡视标准 | 巡视方法 | 图例 |
|------|----------|----------|----------|------|
| 电池屏 | 蓄电池 | 1. 蓄电池柜内温度应为 15～25℃，湿度不高于 75％且无凝露<br>2. 蓄电池表面清洁、无破损、漏液、变形<br>3. 蓄电池连接处无腐蚀<br>4. 蓄电池温度应正常 | 目测、使用温湿度计 | |
| 远动屏 | 设备 | 1. 加密认证网关工作正常，无异响、无异味<br>2. 光端机工作正常，无异响、无异味<br>3. PCM 接入设备工作正常，无异响、无异味 | 目测、耳听、鼻嗅 | |
| 传输设备柜 | 设备 | 设备工作正常，无异响、无异味 | 目测 | |

运行巡视作业指导书

### 8.3 励磁室

励磁室巡视内容及标准见表8.3。

**表8.3 励磁室巡视内容及标准**

| 部位 | 巡视内容 | 巡视标准 | 巡视方法 | 图例 |
|------|---------|---------|---------|------|
| 励磁室 | 运行环境 | 1. 门窗完好<br>2. 屋顶及墙面无渗、漏水<br>3. 室内清洁，无蛛网、积尘 | 目测 | |
| | 通风、照明 | 1. 室内通风装置控制可靠<br>2. 室内照明保持完好，无缺陷 | 目测 | |
| | 温、湿度 | 环境温度在5～30℃，湿度不高于75%且无凝露，否则应开启空调、除湿设备 | 使用温湿度计 | |
| | 挡鼠板 | 挡鼠板固定牢固、完整，无残缺、破损 | 目测 | |
| 励磁变压器 | 柜体 | 柜体完整，无变形，表面清洁 | 目测 | |
| | 温度 | 温控仪温度显示正常，励磁变压器线圈温升不超过100K | 目测 | |

| 部位 | 巡视内容 | 巡 视 标 准 | 巡视方法 | 图 例 |
|---|---|---|---|---|
| 励磁变压器 | 绝缘子、接线 | 1. 绝缘子完好、无破损、清洁、无放电痕迹<br>2. 接线桩头无松脱、发热现象，示温纸未变色 | 目测、使用测温仪 | |
| | 声音、气味 | 变压器运行声音正常，无异常气味 | 耳听、目测 | |
| 励磁柜 | 柜体 | 柜体完整，表面清洁 | 目测 | |
| | 触摸屏 | 触摸屏操作灵敏，数据显示正常，无报警信息 | 目测 | |
| | 控制开关位置 | 运行时，控制开关在"远方"位置 | 目测 | |

| 部位 | 巡视内容 | 巡 视 标 准 | 巡视方法 | 图 例 |
|---|---|---|---|---|
| 励磁柜 | 电压、电流 | 1. 指示灯工作正常，交流电源、直流电源指示灯亮，为白色，励磁工作灯亮，为绿色<br>2. 励磁电压、励磁电流、工频定子电流数值正常，数值显示与显示屏数值相符 | 目测 | |
| | 接线 | 各通流部件的接点、导线及元器件无过热现象，示温纸无变色 | 目测、使用测温仪 | |
| | 调节器 | A套调节器、B套调节器运行正常，无故障报警；主机运行灯闪烁、通信灯闪烁 | 目测 | |
| | 风扇 | 风扇运转无异响 | 耳听 | |
| | 声音、气味 | 运行无放电声，无异常气味 | 耳听、鼻嗅 | |

## 8.4 低开室

低开室巡视内容及标准见表 8.4。

### 表 8.4 低开室巡视内容及标准

| 部位 | 巡视内容 | 巡视标准 | 巡视方法 | 图 例 |
|---|---|---|---|---|
| 低开室 | 运行环境 | 1. 门窗完好<br>2. 屋顶及墙面无渗、漏水<br>3. 室内清洁，无蛛网、积尘 | 目测 | |
| | 通风、照明 | 1. 室内通风装置控制可靠<br>2. 室内照明保持完好，无缺陷 | 目测 | |
| | 温、湿度 | 环境温度在 5～30℃，湿度不高于 75% 且无凝露，否则应开启空调、除湿设备 | 使用温湿度计 | |
| | 挡鼠板 | 挡鼠板固定牢固、完整，无残缺、破损 | 目测 | |
| 低开柜 | 柜体 | 柜门关闭严密，柜体完整、无变形、表面清洁 | 目测 | |
| | 仪表、指示灯 | 1. 开关分、合闸位置指示正确，指示灯指示正确，合闸为红色，分闸为绿色<br>2. 电压、电流等仪表显示正常 | 目测 | |

| 部位 | 巡视内容 | 巡 视 标 准 | 巡视方法 | 图 例 |
|---|---|---|---|---|
| 低开柜 | 开关位置 | 操作手柄指示位置正确，与实际工况一致 | 目测 | |
| | 声音、气味 | 无异常声音、气味 | 耳听、鼻嗅 | |
| 站用变压器、所用变压器 | 本体 | 1. 通过观察孔查看绝缘子完好、无破损、清洁，无放电痕迹<br>2. 接线桩头无松脱、发热现象，示温纸未变色 | 目测、使用测温仪 | |

| 部位 | 巡视内容 | 巡 视 标 准 | 巡视方法 | 图 例 |
|---|---|---|---|---|
| 站用变压器、所用变压器 | 温度 | 温控仪三相绕组温度显示正常，温升不超过100K | 目测 | |
| | 冷却风扇 | 1. 控制可靠<br>2. 运行正常，无异常声响 | 耳听、目测 | |
| | 气味、声音 | 1. 站变、所变运行声音正常，无杂音或不均匀的放电声<br>2. 无异常气味 | 耳听、鼻嗅 | |
| 站变进线柜、所变进线柜 | 开关位置 | 1. 站用电401开关在合闸位置，站用电4011开关在合闸位置<br>2. 母线联络402开关在合闸位置<br>3. 所用电403开关在分闸位置，所用电4031开关在分闸位置 | 目测 | |
| | 指示灯 | 1. 站用电401开关储能指示灯亮，为黄色，合闸指示灯亮；为红色<br>2. 母线联络402开关储能指示灯亮，为黄色，合闸指示灯亮；为红色<br>3. 所用电403开关分闸指示灯亮，为绿色 | 目测 | |
| | 转换开关位置及多功能表 | 1. 转换开关在"现地"位置<br>2. 多功能表显示正常 | 目测 | |

## 8.5 GIS 室

GIS 室巡视内容及标准见表8.5。

**表 8.5 GIS 室巡视内容及标准**

| 部位 | 巡视内容 | 巡 视 标 准 | 巡视方法 | 图 例 |
|---|---|---|---|---|
| GIS 环境监测系统 | 主机 | 1. 自动/手动控制风机正常，无异常声响<br>2. 红外感应及语音报警系统工作正常，无报警信号 | 检测、耳听 | |
| | 显示屏 | 显示屏显示正常，信息显示正确 | 目测 | |
| GIS 室 | 运行环境 | 1. 门窗完好<br>2. 屋顶及墙面无渗、漏水<br>3. 室内清洁，无蛛网、积尘 | 目测 | |
| | 照明 | 室内照明保持完好，无缺陷 | 目测 | |
| | 温、湿度 | 环境温度在 5～40℃，湿度不高于90%且无凝露 | 使用温湿度计 | |
| | 挡鼠板 | 挡鼠板固定牢固、完整，无残缺、破损 | 目测 | |

| 部位 | 巡视内容 | 巡视标准 | 巡视方法 | 图 例 |
|---|---|---|---|---|
| GIS 本体 | 接地 | 接地应完好、无锈蚀、标识清晰 | 目测 | |
| | 开关位置 | 1. 断路器、隔离开关、接地开关及快速接地开关位置应指示正确（隔离开关 7X111、7X113、7X115、7X117，断路器 7X11 合闸位置，接地快刀 7X110、接地刀闸 7X1110、7X1120、7X1150、7X1170 分闸位置）<br>2. 在汇控柜上检查断路器累积动作次数，指示应准确、正常 | 目测 | |
| | 设备 | 1. 无异常噪声，无异常气味、振动<br>2. 金属外壳的温度应正常<br>3. 设备无漏气现象<br>4. 各类管道及阀门无损伤、锈蚀，阀门的开闭位置应正确，管道的绝缘法兰与绝缘支架应完好<br>5. 外壳、支架等无锈蚀、损坏，瓷套无开裂、破损或污秽现象，外壳漆膜无局部颜色加深、起皮现象 | 耳听、鼻嗅、使用测温仪、使用检漏仪、目测 | |

| 部位 | 巡视内容 | 巡视标准 | 巡视方法 | 图例 |
|------|----------|----------|----------|------|
| 压力表 | 指示值及报警 | 1. 示值在规定范围（绿色区域）［额定 $SF_6$ 气体压力为 0.6MPa，报警值为 0.55MPa，闭锁值为 0.5MPa（20℃表压）］<br><br>2. 仪表及阀连接处无气体泄漏、无漏油 | 目测、使用检漏仪 | <br>压力表绿色区域内为正常、黄色区域为报警值、红色区域为闭锁值　避雷器泄漏电流值、避雷器动作次数 |
| 避雷器 | 避雷器 | 避雷器的动作计数器指示值、在线检测泄漏电流指示值应正常（现场泄漏电流值为 0.6mA） | 目测 | |
| 汇控柜 | 信号指示 | 各种指示灯、信号灯和带电监测装置的指示应正常（隔离开关 7X111、7X113、7X115、7X117，断路器 7X11 合闸位置红灯亮，接地快刀 7X110、接地刀闸 7X1110、7X1120、7X1150、7X1170 分闸位置绿灯亮） | 目测 | <br>开关位置指示　　转换开关位置 |
| | 开关位置 | 控制方式开关在"远方"位置，联锁方式开关在"联锁"位置 | 目测 | |

## 8.6 消防报警系统

消防报警系统巡视内容及标准见表8.6。

**表8.6 消防报警系统巡视内容及标准**

| 部位 | 巡视内容 | 巡视标准 | 巡视方法 | 图例 |
|---|---|---|---|---|
| 消防控制室 | 运行环境 | 1. 门窗完好<br>2. 屋顶及墙面无渗、漏水<br>3. 室内清洁，无蛛网、积尘 | 目测 | |
| | 照明 | 室内照明保持完好，无缺陷 | 目测 | |
| 消防报警系统 | 主机 | 1. 输出电压、电流正常<br>2. 报警控制器的自检功能正常<br>3. 故障报警功能正常，如有报警，地址码显示准确<br>4. 打印机打印纸足量<br>5. 消防电话工作正常 | 目测、检测 | |

## 8.7 主变室

主变室巡视内容及标准见表8.7。

**表8.7 主变室巡视内容及标准**

| 部位 | 巡视内容 | 巡视标准 | 巡视方法 | 图例 |
|------|---------|---------|---------|------|
| 主变室 | 运行环境 | 1. 屋顶及墙面无渗、漏水<br>2. 室内清洁，无蛛网、积尘 | 目测 | |
| | 通风、照明 | 1. 室内通风环境良好<br>2. 室内照明保持完好，无缺陷 | 目测 | |
| | 挡鼠板 | 挡鼠板固定牢固、完整，无残缺、破损 | 目测 | |
| 本体 | 温度 | 1. 变压器本体温度计完好、无破损，表盘内无潮气冷凝<br>2. 检查变压器上层油温数值。上层油温不宜经常超过85℃，最高一般不得超过95℃；温升限值：45K<br>3. 主变压器本体温度指示数值与中控室远方测温数值相符<br>4. 相同运行环境及负载下，上层油温比平时高10℃及以上，或负荷不变但油温不断上升，均为异常 | 目测 | |

| 部位 | 巡视内容 | 巡视标准 | 巡视方法 | 图例 |
|------|----------|----------|----------|------|
| 本体 | 油色、油位 | 1.油色为透明的淡黄色<br>2.油位计无油垢,无潮气冷凝<br>3.检查油枕油位指示与油温—油位曲线相符 | 目测 | |
| | 渗、漏油 | 检查变压器本体各部位无渗、漏油,如有,要记录清楚渗漏的部位、程度 | 目测 | |

| 部位 | 巡视内容 | 巡视标准 | 巡视方法 | 图例 |
|---|---|---|---|---|
| 本体 | 气体继电器 | 1. 气体继电器内应充满油，油色应为淡黄色透明，无渗、漏油；气体继电器内应无气体（泡）<br>2. 气体继电器的引出二次电缆应无油迹和腐蚀现象，无松脱 | 目测 | |
| | 运行中的声音 | 1. 变压器正常应为均匀的嗡嗡声<br>2. 无放电等异常声音 | 耳听 | |

| 部位 | 巡视内容 | 巡视标准 | 巡视方法 | 图 例 |
|------|---------|---------|---------|-------|
| 本体 | 压力释放装置 | 1. 压力释放器应无油迹，护管无破损或被油腐蚀的现象<br>2. 压力释放阀、安全气道及防爆膜应完好无损；压力释放阀无喷油痕迹 | 目测 | |
| | 接地 | 检查变压器各部件接地应完好、无锈蚀、标识清晰 | 目测 | |
| | 呼吸器 | 1. 呼吸器硅胶变色不超过 1/3<br>2. 呼吸器外部无油迹；油杯完好，无破损<br>3. 油位应在上、下油位标志线之间<br>4. 检查呼吸器应畅通 | 目测 | |

运行巡视作业指导书

| 部位 | 巡视内容 | 巡视标准 | 巡视方法 | 图 例 |
|---|---|---|---|---|
| 主变中性点设备 | 接地刀闸位置 | 接地刀闸应在分闸位置 | 目测 | |
| | 接地装置 | 接地装置完好、无锈蚀、标识清晰 | 目测 | |
| | 避雷器 | 避雷器清洁无损、无放电等现象，放电计数器完好，记录动作次数数值 | 目测 | |
| | 放电棒 | 无放电痕迹 | 目测 | |

| 部位 | 巡视内容 | 巡视标准 | 巡视方法 | 图例 |
|------|---------|---------|---------|------|
| 主变冷却系统 | 散热器 | 1. 散热装置清洁，散热片不应有过多的积灰附着<br>2. 散热器各部位无异常发热现象<br>3. 散热片无渗油现象 | 目测、使用测温仪 | |
| 主变套管及母线接头 | 主变套管 | 1. 应清洁、无破损、无放电声<br>2. 油位计应无破损和渗、漏油<br>3. 油位、油色正常，油色应为透明的淡黄色 | 耳听、目测 | |
| | 母线接头 | 无过热、融化现象，示温纸未变色 | 目测 | |

运行巡视作业指导书

## 8.8 高开室

高开室巡视内容及标准见表 8.8。

### 表 8.8 高开室巡视内容及标准

| 部位 | 巡视内容 | 巡视标准 | 巡视方法 | 图例 |
|---|---|---|---|---|
| 高开室 | 运行环境 | 1. 门窗完好<br>2. 屋顶及墙面无渗、漏水<br>3. 室内清洁，无蛛网、积尘 | 目测 | |
| | 通风、照明 | 1. 室内通风装置控制可靠<br>2. 室内照明保持完好，无缺陷 | 目测 | |
| | 温、湿度 | 环境温度在 5～30℃，湿度不高于 75%<br>且无凝露，否则应开启空调、除湿设备 | 使用<br>温湿度计 | |
| | 挡鼠板 | 挡鼠板固定牢固、完整，无残缺、破损 | 目测 | |
| 高开柜 | 柜体 | 柜门关闭严密，柜体完整、无变形、表面清洁 | 目测 | |
| | 保护装置 | 1. 保护装置无报警和异常信息<br>2. 保护压板按要求投入，连接牢固（6kV 进线开关柜差动保护跳闸压板、后备保护跳闸压板、非电量保护跳闸压板、进线保护跳闸压板投入；6kV 站变进线柜保护跳闸压板投入；主机变频运行时保护跳闸压板、变频器故障跳闸压板、励磁跳闸压板投入，工频运行时差动保护跳闸压板、后备保护跳闸压板、励磁跳闸压板投入） | 目测 | |

| 部位 | 巡视内容 | 巡视标准 | 巡视方法 | 图 例 |
|---|---|---|---|---|
| 高开柜 | 开关位置 | 1. 断路器在合闸位置<br>2. 接地开关在分闸位置 | 目测 | |
| | 仪表 | 1. 盘面带电显示装置、多功能仪表、储能指示、开关状态显示正确<br>2. 仪表外壳无破损，密封良好，指示正常 | 目测 | |
| | 转换开关位置 | 转换开关在"远控"位置 | 目测 | |
| | 柜内照明 | 巡视灯控制正常，照明完好 | 目测 | |
| | 电缆接头 | 视窗查看导线接头连接处无过热、熔化变色现象，示温纸未变色 | 目测、使用测温仪 | |
| | 声音 | 无异常声响 | 耳听 | |

## 8.9 变频器室

变频器室巡视内容及标准见表8.9。

**表8.9 变频器室巡视内容及标准**

| 部位 | 巡视内容 | 巡 视 标 准 | 巡视方法 | 图 例 |
|---|---|---|---|---|
| 变频器室 | 运行环境 | 1. 门窗完好<br>2. 屋顶及墙面无渗、漏水<br>3. 室内清洁，无蛛网、积尘 | 目测 | |
| | 通风、照明 | 1. 室内通风装置控制可靠<br>2. 室内照明保持完好，无缺陷 | 目测 | |
| | 温、湿度 | 环境温度在 5～30℃，湿度不高于75%且无凝露，否则应开启空调、除湿设备 | 使用温湿度计 | |
| | 挡鼠板 | 挡鼠板固定牢固、完整，无残缺、破损 | 目测 | |
| 变频器 | 柜体 | 1. 柜门关闭严密，柜体完整、无变形、表面清洁<br>2. 柜体温度检查，各部位进行红外测温，温度应正常 | 目测 | |
| | 过滤网 | 过滤网无灰尘、杨絮等脏物堵塞空气流通现象，将一张 A4 纸放在各滤网处，纸张应吸附在滤网上 | 目测、检测 | |

| 部位 | 巡视内容 | 巡视标准 | 巡视方法 | 图 例 |
|---|---|---|---|---|
| 变频器 | 键盘、触摸屏及转换开关位置 | 1. 键盘现地显示无报警，频率、转速、电流、电压等运行参数显示正常<br>2. 触摸屏显示正常<br>3. 转换开关位置在"远方"位置，运行期间禁止切换转换开关位置 | 目测 | <br>有报警时FAULT灯亮<br>转换开关指示 |
| | 风机 | 风机运行正常、排风通畅 | 耳听 | <br>变频器出风口 |
| | 声音、气味 | 无异常声响、异常气味 | 耳听、鼻嗅 | |

## 8.10 电抗器室

电抗器室巡视内容及标准见表 8.10。

**表 8.10　电抗器室巡视内容及标准**

| 部位 | 巡视内容 | 巡视标准 | 巡视方法 | 图例 |
|---|---|---|---|---|
| 电抗器室 | 运行环境 | 1. 门窗完好<br>2. 屋顶及墙面无渗、漏水<br>3. 室内清洁，无蛛网、积尘 | 目测 | |
| | 通风、照明 | 1. 室内通风装置控制可靠<br>2. 室内照明保持完好，无缺陷 | 目测 | |
| | 温、湿度 | 环境温度在 5～30℃，湿度不高于75%，否则应开启空调、除湿设备 | 使用温湿度计 | |
| | 挡鼠板 | 挡鼠板固定牢固、完整，无残缺、破损 | 目测 | |
| 电抗器 | 柜体 | 柜门关闭严密，柜体完整、无变形、表面清洁 | 目测 | |
| | 一次线检查 | 视窗观察接线端子无发热，示温纸无变色现象 | 目测、使用测温仪 | |
| | 气味、声音 | 无异常声响、气味 | 耳听、鼻嗅 | |

| 部位 | 巡视内容 | 巡视标准 | 巡视方法 | 图　例 |
|------|---------|---------|---------|--------|
| 开关柜 | 柜体 | 柜门关闭严密，柜体完整、无变形、表面清洁 | 目测 | |
| | 保护装置 | 保护压板投入，连接牢固，运行中保护跳闸、变频器故障跳闸压板投入 | 目测 | |
| | 开关位置 | 断路器在合闸位置 | 目测 | |
| | 仪表 | 1. 盘面带电显示装置、多功能仪表、储能指示、开关状态显示正确<br>2. 仪表外壳无破损、密封良好，仪表引线无松动、脱落，指示正常 | 目测 | |
| | 转换开关位置 | 1. 控制方式开关在"远方"位置<br>2. 储能转换开关在"自动"位置 | 目测 | |
| | 柜内照明 | 巡视灯控制正常，照明完好 | 目测 | |
| | 电缆接头 | 导线接头连接处无松动、过热、熔化变色现象，示温纸未变色 | 目测、使用测温仪 | |
| | 声音、气味 | 运行无放电声，无异常气味 | 耳听、鼻嗅 | |

## 8.11 测流系统

测流系统巡视内容及标准见表8.11。

表8.11 测流系统巡视内容及标准

| 部位 | 巡视内容 | 巡视标准 | 巡视方法 | 图例 |
|---|---|---|---|---|
| 测流装置 | 柜体 | 柜内设备无异味、异响，通风良好，温度正常 | 目测、耳听、鼻嗅 | |
| | 显示屏 | 1. 流量计时间、流量、累计流量、断面状态等显示正确<br>2. 流量曲线无异常变化<br>3. 检查流量计与上位机通信正常，上位机显示流量读数应与现场一致 | 目测 | |

## 8.12 液压系统

液压系统巡视内容及标准见表8.12。

**表 8.12 液压系统巡视内容及标准**

| 部位 | 巡视内容 | 巡视标准 | 巡视方法 | 图 例 |
|------|---------|---------|---------|------|
| 液压系统 | 运行环境 | 室内清洁，无蛛网、积尘 | 目测 | |
| | 照明 | 照明完好，无缺陷 | 目测 | |
| 油箱 | 油位、油色 | 油位在标记油位线之间，油色清亮 | 目测 | |
| | 渗、漏油 | 油箱各连接部位无渗、漏油 | 目测 | |
| | 呼吸器 | 呼吸器完好，硅胶变色不超过1/3 | 目测 | |
| | 表计 | 表计指示正常 | 目测 | |

运行巡视作业指导书

| 部位 | 巡视内容 | 巡视标准 | 巡视方法 | 图例 |
|------|----------|----------|----------|------|
| 管道及阀 | 闸阀 | 1. 阀位正确，标识完好<br>2. 闸阀无渗漏 | 目测 | |
| | 管道 | 管道及接头无渗漏油 | 目测 | |
| 电机、油泵 | 运行状态 | 1. 电机、油泵无渗油现象。<br>2. 运行时电机、油泵运转平稳，无异常噪声、振动，电机散热情况良好 | 目测、耳听、使用测温仪 | |
| 控制柜、LCU柜 | 转换开关位置 | 1. 转换开关在"自动""联动"位置<br>2. 操作权限在"集中柜"位置 | 目测 | |
| | 指示灯 | 1. 指示灯、仪表、开度仪指示正常，无异常信号，运行中的机组联动工作门灯亮，为绿色；工作门、事故门全开灯亮，为红色。闸门开度仪开度在 5.2m 以上<br>2.PLC模块信号灯指示无异常，通信良好，模块工作正常 | 目测 | |
| | 显示屏 | 现地显示屏显示参数正确，操作灵敏、可靠，无报警 | 目测 | |
| | 接线 | 柜内接线无松脱，接线端子无发热变色现象，无异常气味 | 目测、鼻嗅 | |

## 8.13 冷却水系统

冷却水系统巡视内容及标准见表8.13。

**表8.13 冷却水系统巡视内容及标准**

| 部位 | 巡视内容 | 巡视标准 | 巡视方法 | 图 例 |
|---|---|---|---|---|
| 冷却水系统 | 运行环境 | 1. 现场应无渗、漏水现象<br>2. 室内清洁，无蛛网、积尘 | 目测 | |
| | 照明 | 室内照明保持完好，无缺陷 | 目测 | |
| | 温度 | 循环水进水温度为2～35℃ | 使用温度表 | |
| | 压力 | 1. 冷却水供水管压力为0.2～0.26MPa<br>2. 供水母管压力大于0.1MPa | 使用压力表 | |
| | 电机、水泵 | 1. 电机、水泵运转平稳，无异常气味、振动及声响<br>2. 水泵无渗漏 | 目测、耳听、鼻嗅 | |
| | 管道闸阀 | 管道、闸阀完好，无渗漏，阀位正确 | 目测 | |
| | 流量计 | 冷却水流量大于25m³/h | 目测 | |
| | 水箱 | 液位计工作灵敏可靠、指示准确 | 目测 | |

运行巡视作业指导书

运行巡视作业指导书

| 部位 | 巡视内容 | 巡 视 标 准 | 巡视方法 | 图 例 |
|---|---|---|---|---|
| 控制柜 | 柜体 | 柜门关闭严密，柜体完整，无变形，表面清洁 | 目测 | |
| | 通风散热 | 柜内通风散热、照明完好 | 目测 | 1#水泵电流<br>供水泵电流表 指示灯 |
| | 仪表、指示灯 | 1. 指示灯、仪表指示正常，无异常信号，状态与实际工况一致<br>2. PLC屏信号灯指示无异常，通信良好，模块工作正常 | 目测 | |
| | 转换开关 | 转换开关在"遥控"位置 | 目测 | |
| | 显示屏 | 现地显示屏显示参数正确，操作灵敏、可靠，无报警 | 目测 | 转换开关 显示屏参数显示 |
| | 接线 | 柜内接线无发热变色现象，无异常气味 | 目测、鼻嗅 | |

## 8.14 排水系统

排水系统巡视内容及标准见表 8.14。

**表 8.14 排水系统巡视内容及标准**

| 部位 | 巡视内容 | 巡视标准 | 巡视方法 | 图例 |
|------|---------|---------|---------|------|
| 排水系统 | 管道 | 1. 管道及接头无渗、漏现象<br>2. 管路畅通 | 目测 | |
| | 闸阀 | 闸阀位置正确，指示清晰，无渗漏 | 目测 | |
| | 液位计 | 液位计工作灵敏，对比上位机数据应一致 | 目测 | |
| | 电机水泵 | 排水系统运行时，电机、水泵运转平稳，无异常声响 | 耳听 | |
| 控制柜 | 仪表 | 电压、电流仪表指示正确 | 目测 | |
| | 通信 | 通信正常，传输正确 | 目测 | |
| | 指示灯 | 指示灯指示正常（渗漏排水泵电动合闸按钮分闸指示灯亮，为绿色） | 目测 | |
| | 转换开关位置 | 转换开关在"远控"位置 | 目测 | |
| | 声音、气味 | 运行时无异常声响，无异常气味 | 耳听、鼻嗅 | |

## 8.15 主机组

主机组巡视内容及标准见表 8.15。

**表 8.15　主机组巡视内容及标准**

| 部位 | 巡视内容 | 巡视标准 | 巡视方法 | 图　例 |
|---|---|---|---|---|
| 廊道层 | 运行环境 | 1. 现场应无渗、漏水现象<br>2. 卫生清洁，无蛛网、积尘 | 目测 | |
| | 照明 | 照明保持完好，无缺陷 | 目测 | |
| | 湿度 | 湿度不大于 75%，墙壁无凝露 | 使用温湿度计 | |
| 主机组 | 主机参数 | 1. 电机转速、绕组温度、轴承温度、前后仓湿度、振动等数值显示应正常，无异常突变现象<br>2. 电机电流、电压、功率应正常，与运行工况相符<br>3. 温湿度仪表柜数值显示正常 | 目测 | <br>上位机查看主机组非电量参数和电量参数　　温湿度仪表柜 |

| 部位 | 巡视内容 | 巡视标准 | 巡视方法 | 图例 |
|------|----------|----------|----------|------|
| 主机组 | 滑环碳刷 | 滑环与碳刷接触良好，无打火现象 | 目测 | |
| | 渗漏情况 | 1. 水泵各连接部位无渗漏<br>2. 辅助管道、闸阀连接无渗漏 | 目测 | 观察主水泵连接处渗漏情况 |
| | 密封水 | 1. 密封水压力正常，为 0.2～0.5MPa<br>2. 观察孔查看密封水无线形流下 | 目测 | |
| | 声音、振动、气味 | 1. 运转平稳，无异常振动及声音（可以用测振仪辅助测量并与上位机测振系统数据对比）<br>2. 电机运转无异常气味 | 目测、鼻嗅、使用测振仪 | 观察密封水漏水情况 密封水压力 |

## 8.16 河道

河道巡视内容及标准见表8.16。

表 8.16 河道巡视内容及标准

| 部位 | 巡视内容 | 巡视标准 | 巡视方法 | 图例 |
|------|---------|---------|---------|------|
| 上、下游河道 | 河面 | 1. 进水池无阻水物及其他污物<br>2. 出水池运行机组出水口出水顺畅 | 目测 | |
| | 拦船设施 | 上、下游拦船索完好，无危害安全运行的船只进入 | 目测 | |

## 8.17 清污机

清污机巡视内容及标准见表 8.17。

表 8.17  清污机巡视内容及标准

| 部位 | 巡视内容 | 巡视标准 | 巡视方法 | 图例 |
|---|---|---|---|---|
| 清污机 | 整体 | 1. 栅条无损坏、缺失<br>2. 栅前无杂物堵塞<br>3. 部件完整，无损坏、缺失<br>4. 运转平稳，无卡滞、异常声响<br>5. 电机无过热 | 耳听、目测、使用测温仪 | |
| | 控制柜 | 1. 仪表及状态指示灯指示正确<br>2. 控制方式转换开关位置正确，控制可靠，无异常声响和异味<br>3. 线缆无发热变色现象，电缆孔洞封堵严密 | 目测、耳听、鼻嗅 | |
| 皮带输送机 | 整体 | 1. 部件完整，无损坏、缺失，转动部件转动灵活<br>2. 皮带运行正常，无跑偏现象<br>3. 电机无过热<br>4. 轴承转动无卡阻、无异常声响 | 耳听、目测、使用测温仪 | |
| | 控制柜 | 1. 仪表及状态指示灯指示正确<br>2. 控制方式转换开关位置正确，控制可靠，无异常声响和异味<br>3. 线缆无发热变色现象，电缆孔洞封堵严密 | 目测、耳听、鼻嗅 | |

## 8.18　110kV 架空线路及电力电缆

110kV 架空线路及电力电缆巡视内容及标准见表 8.18。

**表 8.18　110kV 架空线路及电力电缆巡视内容及标准**

| 部位 | 巡视内容 | 巡视标准 | 巡视方法 | 图例 |
|---|---|---|---|---|
| 110kV 架空线路 | 塔杆及电缆 | 1. 杆塔无倾斜、弯曲及各部件无变形，基础无下沉、冲刷、开裂，各部位螺栓、销子无松动、退扣或脱落<br>2. 金属构件、部件无磨损、锈蚀现象<br>3. 杆塔上无鸟巢、风筝等杂物，线路双重名称和标识清楚<br>4. 杆塔的接地引线完好<br>5. 电缆无松弛、锈蚀、断股、烧伤等现象<br>6. 绝缘子无损伤、裂纹、闪络放电现象 | 目测、使用望远镜 | |
| 电力电缆 | 电缆 | 1. 沟道盖板应完整无缺<br>2. 沟道内电缆支架牢固，无锈蚀<br>3. 沟道内应无积水<br>4. 电缆夹层内无异常气味，无异常声响<br>5. 电缆无破损、变形、发热变色现象 | 目测、耳听、使用测温仪 | |

# 9 泵站设备巡视记录表

## 9.1 填表说明

(1) 根据《南水北调泵站工程管理规程》(NSBD 16—2012) 等相关标准及本巡视指导书编制运行巡视记录表。

(2) 巡视周期应根据水利部相关规程规范及《南水北调泵站工程管理规程》(NSBD 16—2012) 的规定执行。

(3) 巡视工作结束后,应将本次(项)巡视作业的相关信息(时间、巡视结果等)填入巡视记录表内,无异常情况打"√",有异常情况在备注中说明,并在巡视人员签名处签名确认。

## 9.2 中控室巡视记录表

中控室巡视记录表见表 9.1。

表 9.1 中控室巡视记录表

| 巡视内容 | 巡视标准 | 巡视情况 | | | 备注 |
|---|---|---|---|---|---|
| 中控室 | 门窗完好,屋顶及墙面无渗、漏水,室内清洁,无蛛网、积尘,照明完好,无缺陷 | | | | |
| | 环境温度在 15～30℃,湿度不高于 75% 且无凝露,否则应开启空调、除湿设备 | | | | |
| | 中控台桌面清洁,物品摆放有序 | | | | |
| 工控计算机 | 工控机(OP1、OP2)工作正常,无异常信息和声响 | | | | |
| | 软件运行流畅,界面调用正常,无延迟 | | | | |
| | 监控软件界面中设备位置信号与现场一致 | | | | |
| | 机组及辅机监控设备通信正常,数据上传正确,状态指示正确 | | | | |
| | 语音报警正常 | | | | |
| | 打印机及送纸器工作正常,报表打印清晰 | | | | |

续表

| 巡视内容 | 巡视标准 | 巡视情况 | | | | 备注 |
|---|---|---|---|---|---|---|
| 视频系统 | 计算机运行正常，无异常声响，显示器显示正常 | | | | | |
| | 软件运行流畅，无卡滞 | | | | | |
| | 摄像头调节控制可靠，录像调用正常 | | | | | |
| | 画面清晰，无干扰 | | | | | |
| 测振系统 | 计算机运行正常，无异常声响，显示器显示正常；软件运行流畅；数据上传正确，实时刷新 | | | | | |
| 工程监控主机 | 计算机运行正常，无异常声响，显示器显示正常；软件运行流畅，数据实时刷新 | | | | | |

值班长：　　　　　　　　　　　　　　　　　　　　值班员：

## 9.3 继保室巡视记录表

继保室巡视记录表见表9.2。

**表9.2 继保室巡视记录表**

| 巡视内容 | 巡视标准 | 巡视情况 | | | | 备注 |
|---|---|---|---|---|---|---|
| 继保室 | 门窗完好，屋顶及墙面无渗、漏水，室内清洁，无蛛网、积尘，照明完好，无缺陷，挡鼠板固定牢固、完整，无残缺、破损 | | | | | |
| | 环境温度在 5～30℃，湿度不高于 75% 且无凝露，否则应开启空调、除湿设备 | | | | | |
| 网络设备屏 | 时钟装置时间显示准确，1PPS指示灯应每秒闪烁一次 | | | | | |
| | 数据库服务器工作正常，无报警信息和异常声响 | | | | | |

| 巡视内容 | 巡 视 标 准 | 巡视情况 | | | 备注 |
|---|---|---|---|---|---|
| LCU 柜 | PLC 的 CPU 模块指示灯指示正常；交流电源、直流电源、主控电源、辅助电源指示灯常亮，为红色 | | | | |
| | 显示屏显示参数正确，操作灵敏、可靠，无报警信息；PLC 开入量、开出量、模入量、温度量等显示准确，通信良好，工作正常 | | | | |
| | 控制权限开关位置在"远方"位置 | | | | |
| | 继电器外壳无破损，线圈无过热，接点接触良好 | | | | |
| 视频服务器柜 | 电源供电可靠；设备通信正常，无异常报警；接线紧固，接线端子无发热变色现象，无异味；录像机录像、硬盘指示灯正常 | | | | |
| 电度表屏 | 接线盒及柜体后门铅封完好；数据显示正常；信号灯闪烁 | | | | |
| 主变保护屏 | 保护压板投、退位置正确，压接牢固，编号清晰；各保护装置显示清晰，无报警信号；远动通信装置工作正常，无报警信号；电能质量在线检测装置运行正常，无异常报警信号 | | | | |
| | 变压器温显仪温度显示正确，通信正常，与现场及上位机示值一致；网络通信设备运行指示灯正常，网络畅通 | | | | |

| 巡视内容 | 巡视标准 | 巡视情况 | | | 备注 |
|---|---|---|---|---|---|
| 逆变屏 | 输出电压、输出电流数据显示正常；直流输入指示、交流输入指示灯长亮；控制开关在合闸位，指示灯正常；UPS无故障指示 | | | | |
| 直流电源屏 | 蓄电池控制母线电压保持在215～225V；直流母线正对地、负对地电压应符合要求 | | | | |
| | 检查正、负极对地绝缘电阻值应正常；现地显示屏无报警，操作灵敏；每只蓄电池的电压无明显异常 | | | | |
| | 柜门严密，柜体接地良好，充电机工作正常；指示灯指示正确；屏内接线无松脱、发热变色现象；屏、柜应清洁 | | | | |
| 电池屏 | 蓄电池柜内温度应为15～25℃；湿度不高于75%且无凝露，蓄电池表面清洁，无破损、漏液；蓄电池连接处无腐蚀，凡士林涂层完好；蓄电池温度应正常 | | | | |
| 远动屏 | 加密认证网关、光端机、PCM接入设备工作正常，无异响、无异味 | | | | |
| 传输设备柜 | 设备工作正常，无异响、无异味 | | | | |

值班长：　　　　　　　　　　　　　值班员：

运行巡视作业指导书

## 9.4 励磁室巡视记录表

励磁室巡视记录表见表 9.3。

### 表 9.3 励磁室巡视记录表

| 巡视内容 | 巡视标准 | 巡视情况 | | | 备注 |
|---|---|---|---|---|---|
| 励磁室 | 门窗完好，屋顶及墙面无渗、漏水；室内清洁，无蛛网、积尘；照明完好，无缺陷；挡鼠板固定牢固、完整，无残缺、破损 | | | | |
| | 环境温度在 5～30℃，湿度不高于 75% 且无凝露，否则应开启空调、除湿设备 | | | | |
| 励磁变压器 | 柜体完整，无变形，表面清洁 | | | | |
| | 温控仪显示正确，温度显示正常，励磁变压器线圈温升不超过 100K | | | | |
| | 绝缘子完好，无破损、清洁、放电痕迹；接线桩头无松脱、发热现象，示温纸未变色 | | | | |
| | 变压器运行声音正常，无异常气味 | | | | |
| 励磁柜 | 柜体完整，无变形，表面清洁 | | | | |
| | 触摸屏操作灵敏，参数显示正常，无报警信息 | | | | |
| | 运行时，控制开关在"远方"位置 | | | | |
| | 交流电源、直流电源正常可靠，励磁电压、励磁电流、工频定子电流数值正常 | | | | |
| | 各电磁部件无异声，各通电流部件的接点、导线及元器件无过热现象 | | | | |
| | A 套调节器、B 套调节器运行正常，主机运行灯闪烁、通信灯闪烁，无故障报警 | | | | |
| | 风扇运转无异响、无异味 | | | | |
| | 运行无放电声，无异常气味 | | | | |

值班长：　　　　　　　　　　　　　值班员：

## 9.5 低开室巡视记录表

低开室巡视记录表见表9.4。

### 表9.4 低开室巡视记录表

| 巡视内容 | 巡视标准 | 巡视情况 | | | 备注 |
|---|---|---|---|---|---|
| 低开室 | 门窗完好，屋顶及墙面无渗、漏水；室内清洁，无蛛网、积尘；照明完好，无缺陷；挡鼠板固定牢固、完整，无残缺、破损 | | | | |
| | 环境温度在5～30℃，湿度不高于75%且无凝露，否则应开启空调、除湿设备 | | | | |
| 低开柜 | 柜体完整，无变形，表面清洁 | | | | |
| | 开关分、合闸位置指示正确，指示灯指示正确 | | | | |
| | 电压、电流等仪表示值正常 | | | | |
| | 操作手柄指示位置正确，与实际工况一致 | | | | |
| | 开关柜无异常声音、气味 | | | | |
| 站用变压器、所用变压器 | 视窗查看绝缘子完好，无破损，清洁，无放电痕迹；接线桩头无松脱、发热现象，示温纸未变色 | | | | |
| | 温控仪三相绕组温度显示正常，温升不超过100K；风扇控制可靠，冷却风扇运行正常，无异常声响 | | | | |
| | 运行声音正常，无杂音或不均匀的放电声，无异常气味 | | | | |
| | 站用电401开关在合闸位置，站用电4011开关在合闸位置；母线联络402开关在合闸位置；所用电403开关在分闸位置，站用电4031开关在分闸位置 | | | | |
| | 站用电401开关、母线联络402开关储能指示、合闸指示灯亮；所用电403开关分闸指示灯亮；转换开关在"现地"位置；多功能表显示正常 | | | | |

值班长：                              值班员：

## 9.6 GIS室巡视记录表

GIS室巡视记录表见表9.5。

### 表9.5 GIS室巡视记录表

| 巡视内容 | 巡视标准 | 巡视情况 | | | | 备注 |
|---|---|---|---|---|---|---|
| GIS环境监测系统 | 自动/手动控制风机正常，无异常声响，红外感应及语音报警系统工作正常 | | | | | |
| | 显示屏显示正常，信息显示正确 | | | | | |
| GIS室 | 门窗完好，屋顶及墙面无渗、漏水；室内清洁，无蛛网、积尘；照明完好，无缺陷；挡鼠板固定牢固、完整，无残缺、破损 | | | | | |
| | 环境温度在5～40℃，湿度不高于90%且无凝露 | | | | | |
| GIS本体 | 接地应完好、无锈蚀，标识清晰 | | | | | |
| | 断路器、隔离开关、接地开关及快速接地开关位置指示正确，并与实际运行工况相符；断路器累积动作次数指示应准确、正常 | | | | | |
| | 无异常的噪声，无异常气味、振动 | | | | | |
| | 金属外壳的温度应正常 | | | | | |
| | 各类管道及阀门无损伤、锈蚀，阀门的开闭位置应正确，管道的绝缘法兰与绝缘支架应完好 | | | | | |
| | 设备无漏气现象 | | | | | |
| | 外壳、支架等无锈蚀、损坏，瓷套无开裂、破损或污秽现象，外壳漆膜无局部颜色加深或烧焦、起皮现象 | | | | | |
| 压力表 | 示值在规定范围（绿色区域）；仪表及阀连接处无气体泄漏 | | | | | |
| 避雷器 | 避雷器的动作计数器指示值、在线检测泄漏电流指示值应正常 | | | | | |
| 汇控柜 | 各指示灯、信号灯和带电监测装置的指示应正常 | | | | | |
| | 控制方式开关在"远方"位置，联锁方式开关在"联锁"位置 | | | | | |

值班长：　　　　　　　　　　　　　　　值班员：

## 9.7 消防报警系统巡视记录表

消防报警系统巡视记录表见表 9.6。

**表 9.6 消防报警系统巡视记录表**

| 巡视内容 | 巡 视 标 准 | 巡视情况 | | | | 备注 |
|---|---|---|---|---|---|---|
| 消防室 | 门窗完好，屋顶及墙面无渗、漏水；室内清洁，无蛛网、积尘；照明完好，无缺陷；挡鼠板固定牢固、完整、无残缺、破损 | | | | | |
| 消防报警系统 | 输出电压、电流正常 | | | | | |
| | 报警控制器的自检功能正常 | | | | | |
| | 故障报警功能正常，如有报警，地址码显示准确 | | | | | |
| | 打印机打印纸足量 | | | | | |
| | 消防电话工作正常 | | | | | |

值班长： 值班员：

## 9.8 主变室巡视记录表

主变室巡视记录表见表 9.7。

**表 9.7 主 变 室 巡 视 记 录 表**

| 巡视内容 | 巡 视 标 准 | 巡视情况 | | | | 备注 |
|---|---|---|---|---|---|---|
| 主变室 | 门窗完好，屋顶及墙面无渗、漏水；室内清洁，无蛛网、积尘；照明完好，无缺陷；挡鼠板固定牢固、完整、无残缺、破损 | | | | | |
| 主变本体 | 变压器本体温度计完好、无破损，表盘内无潮气冷凝 | | | | | |
| | 检查变压器上层油温数值，温度正常，主变压器本体温度指示数值与中控室远方测温数值相符 | | | | | |

| 巡视内容 | 巡视标准 | 巡视情况 | 备注 |
|---|---|---|---|
| 主变本体 | 油位、油色正常，油位计应无渗油 | | |
| | 检查变压器各部位无渗、漏油 | | |
| | 气体继电器内应充满油，油色正常，无渗、漏油；气体继电器内应无气体（泡），气体继电器二次线应无油迹和腐蚀现象，无松脱 | | |
| | 变压器正常应为均匀的嗡嗡声音，无放电声音 | | |
| | 压力释放器应无油迹，无破损或被油腐蚀现象，压力释放阀、安全气道及防爆膜应完好无损，无喷油痕迹 | | |
| | 检查变压器各部件接地应完好、无锈蚀、标识清晰 | | |
| | 硅胶呼吸器硅胶变色不超过 1/3，呼吸器外部无油迹；油杯完好，无破损，油位应在上、下油位标志线之间 | | |
| 主变中性点设备 | 接地刀闸位置在分闸位置 | | |
| | 接地装置完好、无松脱及脱焊 | | |
| | 避雷器清洁无损，无放电等异音，放电计数器完好，记录动作次数数值 | | |
| | 中性点放电间隙的放电棒无放电痕迹 | | |
| 冷却系统 | 散热装置清洁，散热片不应有过多的积灰等附着脏物，散热器各部位无异常发热现象，散热片无渗油现象 | | |
| 主变套管 | 主变套管应清洁，无破损、裂纹，无放电声，油位计应无破损和渗漏油，油色正常；母线接头无过热、熔化现象，示温纸未变色 | | |

值班长：　　　　　　　　　　　　　　　　值班员：

## 9.9 高开室巡视记录表

高开室巡视记录表见表9.8。

### 表9.8 高开室巡视记录表

| 巡视内容 | 巡视标准 | 巡视情况 | | | 备注 |
|---|---|---|---|---|---|
| 高开室 | 门窗完好，屋顶及墙面无渗、漏水；室内清洁，无蛛网、积尘；照明完好，无缺陷；挡鼠板固定牢固、完整，无残缺、破损 | | | | |
| | 环境温度在5～30℃，湿度不高于75%且无凝露，否则应开启空调、除湿设备 | | | | |
| 高开柜 | 柜体完整，无变形，表面清洁 | | | | |
| | 保护装置无异常报警和异常信息，保护压板按要求投入 | | | | |
| | 断路器在合闸位置，接地开关在分闸位置 | | | | |
| | 转换开关在"远控"位置 | | | | |
| | 盘面带电显示装置、多功能仪表、储能指示、开关状态显示正确 | | | | |
| | 仪表外壳无破损，密封良好，仪表引线无脱落，指示正常 | | | | |
| | 巡视灯控制正常，照明完好 | | | | |
| | 视窗查看导线接头连接处无过热、熔化变色现象，示温纸未变色 | | | | |
| | 无异常声响 | | | | |

值班长：                                       值班员：

## 9.10 变频器室巡视记录表

变频器室巡视记录表见表 9.9。

**表 9.9 变频器室巡视记录表**

| 巡视内容 | 巡 视 标 准 | 巡视情况 | | | 备注 |
|---|---|---|---|---|---|
| 变频器室 | 门窗完好，屋顶及墙面无渗、漏水；室内清洁，无蛛网、积尘；照明完好，无缺陷；挡鼠板固定牢固、完整，无残缺、破损 | | | | |
| | 环境温度在 5～30℃，湿度不高于 75% 且无凝露 | | | | |
| 变频器 | 柜门关闭严实，柜体完整，无变形，表面清洁，柜体温度正常 | | | | |
| | 过滤网无灰尘、杨絮等堵塞现象 | | | | |
| | 键盘现地显示无报警，转速、电流、电压等运行参数显示正常，触摸屏显示正常 | | | | |
| | 转换开关位置正确，运行期间禁止切换转换开关位置 | | | | |
| | 风机运行正常、排风通畅 | | | | |
| | 无异常噪声、异常气味及振动 | | | | |

值班长：　　　　　　　　　　　　　　　　值班员：

## 9.11 电抗器室巡视记录表

电抗器室巡视记录表见表 9.10。

**表 9.10 电抗器室巡视记录表**

| 巡视内容 | 巡视标准 | 巡视情况 | | | 备注 |
|---|---|---|---|---|---|
| 电抗器室 | 门窗完好，屋顶及墙面无渗、漏水；室内清洁，无蛛网、积尘；照明完好，无缺陷；挡鼠板固定牢固、完整，无残缺、损坏 | | | | |
| | 环境温度在 5～30℃，湿度不高于 75%，否则应开启空调、除湿设备 | | | | |
| 电抗器 | 柜门关闭严实，柜体完整，无变形，表面清洁 | | | | |
| | 视窗观察接线端子无发热，示温纸无变色现象 | | | | |
| | 无异常噪声、异常气味 | | | | |
| 开关柜 | 柜体完整，无变形，表面清洁 | | | | |
| | 保护压板投入，连接牢固断路器在合闸位置 | | | | |
| | 盘面带电显示装置、多功能仪表、储能指示、开关状态显示正确 | | | | |
| | 仪表外壳无破损，密封良好，仪表引线无脱落，指示正常 | | | | |
| | 控制方式开关在"远方"位置，储能转换开关在"自动"位置 | | | | |
| | 巡视灯控制正常，照明完好 | | | | |
| | 电缆接头连接处无过热、熔化变色现象，示温纸未变色 | | | | |
| | 无放电声，无异常气味 | | | | |

值班长：                          值班员：

## 9.12 测流系统巡视记录表

测流系统巡视记录表见表 9.11。

**表 9.11　测流系统巡视记录表**

| 巡视内容 | 巡视标准 | 巡视情况 | 备注 |
|---|---|---|---|
| 测流系统 | 柜内设备无异味、异响，通风良好，温度正常 | | |
| | 流量计时间、流量、累计流量、断面状态等显示正常 | | |
| | 流量曲线无异常变化 | | |
| | 检查流量计与上位机通信正常，上位机显示流量读数应与现场一致，数据上传正确 | | |

值班长：　　　　　　　　　　　　　　值班员：

## 9.13 液压系统巡视记录表

液压系统巡视记录表见表 9.12。

**表 9.12　液压系统巡视记录表**

| 巡视内容 | 巡视标准 | 巡视情况 | 备注 |
|---|---|---|---|
| 运行环境 | 室内清洁，无蛛网、积尘；照明完好，无缺陷 | | |
| 油箱 | 油位在标记油位线之间，油色清亮 | | |
| | 油箱各连接部位应无渗、漏油 | | |
| | 呼吸器完好，硅胶饱满，变色不超过 1/3 | | |
| | 表计指示正常 | | |
| 管道及阀 | 管道及接头无渗漏 | | |
| | 阀位正确，标识完好，闸阀无渗漏 | | |
| 电机油泵 | 液压系统运行时电机、油泵运转平稳，无异常噪声、振动；电机发热、散热情况良好；油泵无渗油现象 | | |

| 巡视内容 | 巡视标准 | 巡视情况 | | | 备注 |
|---|---|---|---|---|---|
| 控制柜及LCU柜 | 转换开关在"自动""联动"位置，操作权限在"集中柜"位置 | | | | |
| | 指示灯、仪表、开度仪指示正常，无异常信号，PLC信号灯指示无异常，通信良好，模块工作正常 | | | | |
| | 现地显示屏显示参数正确，操作灵敏、可靠，无报警现象 | | | | |
| | 柜内接线无松脱，接线端子无发热变色现象，无异常气味 | | | | |

值班长：　　　　　　　　　　　　　　　值班员：

### 9.14 冷却水系统巡视记录表

冷却水系统巡视记录表见表 9.13。

**表 9.13　冷却水系统巡视记录表**

| 巡视内容 | 巡视标准 | 巡视情况 | | | 备注 |
|---|---|---|---|---|---|
| 运行环境 | 室内清洁，无蛛网、积尘；照明完好，无缺陷 | | | | |
| 冷却水系统 | 循环水进水温度满足运行要求 | | | | |
| | 冷却水供水管压力在 0.2～0.26MPa，供水母管压力大于 0.1MPa | | | | |
| | 电机、水泵运转平稳，无异常气味、振动及噪声，水泵无渗漏 | | | | |
| | 管道、闸阀等完好，无渗漏，阀位正确 | | | | |
| | 流量计、示流器等指示正确，冷却水流量大于 25m³/h | | | | |
| | 水箱液位计工作灵敏，指示准确 | | | | |

运行巡视作业指导书

| 巡视内容 | 巡视标准 | 巡视情况 | | 备注 |
|---|---|---|---|---|
| 控制柜 | 柜体完整，无变形，表面清洁 | | | |
| | 柜内通风散热、照明完好，无缺陷 | | | |
| | 指示灯、仪表指示正常，无异常信号，状态与实际工况一致，PLC屏信号灯指示无异常，通信良好，模块工作正常；转换开关在"遥控"位置 | | | |
| | 现地显示屏显示参数正确，操作灵敏、可靠，无报警等异常现象 | | | |
| | 柜内二次接线紧固，接线端子无发热变色现象，无异常气味 | | | |

值班长：　　　　　　　　　　　　　　值班员：

### 9.15　排水系统巡视记录表

排水系统巡视记录表见表9.14。

**表9.14　排水系统巡视记录表**

| 巡视内容 | 巡视标准 | 巡视情况 | | 备注 |
|---|---|---|---|---|
| 排水系统 | 管道及接头无渗、漏现象，管路畅通 | | | |
| | 闸阀位置正确，指示清晰，无渗漏 | | | |
| | 液位计工作灵敏 | | | |
| | 排水系统运行时电机、水泵运转平稳，无异常声音 | | | |
| | 电压、电流、温度等仪表指示正确 | | | |
| | 传感器通信正常，传输正确 | | | |
| | 指示灯指示正常，状态与实际运行一致 | | | |
| | 转换开关在"远控"位置 | | | |
| | 柜内元器件等完整，无异常气味，运行时无异常声音 | | | |

值班长：　　　　　　　　　　　　　　值班员：

## 9.16 主机组巡视记录表

主机组巡视记录表见表 9.15。

### 表 9.15 主 机 组 巡 视 记 录 表

| 巡视内容 | 巡视标准 | 巡视情况 | | | 备注 |
|---|---|---|---|---|---|
| 运行环境 | 现场应无渗、漏水现象；环境清洁，无蛛网、积尘；照明保持完好，无缺陷 | | | | |
| 主机组 | 电机电流、电压、功率应正常，与运行工况相符 | | | | |
| | 转速、绕组温度、轴承温度、湿度、振动等仪表显示应正常，无异常突变现象 | | | | |
| | 滑环、碳刷接触良好，无打火现象 | | | | |
| | 水泵各连接部位无渗漏，辅助管道、管件连接无渗漏 | | | | |
| | 密封水压力正常 | | | | |
| | 观察孔查看密封水无线形流下 | | | | |
| | 电机运转无异常气味 | | | | |
| | 水泵运转平稳，无异常振动及声响 | | | | |

值班长：                          值班员：

## 9.17 建筑物及河道巡视记录表

建筑物及河道巡视记录表见表 9.16。

**表 9.16 建筑物及河道巡视记录表**

| 巡视内容 | 巡视标准 | 巡视情况 | | | 备注 |
|---|---|---|---|---|---|
| 土工建筑物 | 土工建筑物无雨淋沟、塌陷、裂缝、渗漏、滑坡和蚁害、兽害等；排水系统、导渗及减压设施无损坏、堵塞、失效；堤站（闸）连接段无渗漏等迹象 | | | | |
| | 排水系统、导渗及减压设施无损坏、堵塞、失效；堤站（闸）连接段无渗漏等迹象 | | | | |
| 混凝土建筑 | 无裂缝、腐蚀、磨损、剥蚀、露筋（网）及钢筋锈蚀等情况 | | | | |
| | 伸缩缝止水无损坏、漏水及填充物流失等情况 | | | | |
| 河道 | 进水池无阻水物及其他污物，出水池运行机组出水口出水顺畅 | | | | |
| | 上下游拦船索完好，无危害安全运行的船只进入 | | | | |

值班长：　　　　　　　　　　　值班员：

## 9.18 清污机巡视记录表

清污机巡视记录表见表 9.17。

**表 9.17 清 污 机 巡 视 记 录 表**

| 巡视内容 | 巡 视 标 准 | 巡视情况 | | | 备注 |
|---|---|---|---|---|---|
| 清污机 | 栅条无损坏、缺失，栅前无杂物堵塞 | | | | |
| | 部件完整，无损坏、缺失，运转平稳，无卡滞、异常声响，电机无过热现象 | | | | |
| | 控制柜仪表及状态指示灯指示正确，控制方式转换开关位置正确，控制可靠，无异常声响和异味，柜内二次线无松脱、发热变色现象，电缆孔洞封堵严密 | | | | |
| 皮带输送机 | 部件完整，无损坏、缺失，皮带运行正常，无跑偏现象，电机无过热，轴承转动无阻塞、无异常声响 | | | | |
| | 控制柜仪表及状态指示灯指示正确，控制方式转换开关位置正确，控制可靠，无异常声响和异味，柜内二次线无松脱、发热变色现象，电缆孔洞封堵严密 | | | | |

值班长：　　　　　　　　　　　　　　　　　　值班员：

## 9.19 110kV架空线路及电力电缆巡视记录表

110kV架空线路及电力电缆巡视记录表见表9.18。

**表9.18　110kV架空线路及电力电缆巡视记录表**

| 巡视内容 | 巡视标准 | 巡视情况 | | | 备注 |
|---|---|---|---|---|---|
| 110kV架空线路 | 杆塔无倾斜、弯曲及各部件无变形，基础无下沉、冲刷、开裂，各部螺栓、销子无松动、退扣或脱落；金属构件、部件无磨损、锈蚀现象；杆塔上无鸟巢、锡箔纸、风筝、绳索等杂物，线路双重名称和标识清楚；杆塔的接地引线完好 | | | | |
| | 电缆无松弛、锈蚀、断股、烧伤等现象；电缆连接处无接触不良，无过热现象 | | | | |
| | 绝缘子无损伤、裂纹、闪络放电现象；绝缘子表面无脏污；瓷横担的固定螺栓无松动 | | | | |
| 电缆 | 沟道盖板应完整无缺；沟道内电缆支架牢固，无锈蚀；沟道内应无积水，电缆标示牌应完整、无脱落 | | | | |
| | 电缆夹层内无异常气味，无异常声响；电缆无破损、变形、发热变色现象 | | | | |

值班长：　　　　　　　　　　　　　　　　值班员：

# 参 考 文 献

［1］ 中华人民共和国国家质量监督检验总局，中国国家标准化管理委员会. 泵站技术管理规程：GB/T 30948—2014. 北京：中国标准出版社，2014.

［2］ 中华人民共和国能源部. 电业安全工作规程：DL 408—1991. 北京：中国电力出版社，1991.

［3］ 中华人民共和国能源部. 电力变压器运行规程：DL/T 572—2010. 北京：中国电力出版社，2010.

［4］ 中华人民共和国国家发展和改革委员会. 微机继电保护装置运行管理规程：DL/T 587—2000. 北京：中国电力出版社，2017.

［5］ 中华人民共和国国家经济贸易委员会. 电力系统用蓄电池直流电源装置运行与维护技术规程：DL/T 724—2000. 2000-11-03.

［6］ 国务院南水北调工程建设委员会办公室. 南水北调泵站工程自动化系统技术规程：NSBD 17—2013. 北京：国务院南水北调工程建设委员会办公室，2013.

［7］ 国务院南水北调工程建设委员会办公室. 南水北调泵站工程管理规程（试行）：NSBD 16—2012. 北京：国务院南水北调工程建设委员会办公室，2012.

［8］ 河南省电力公司. 变电站直流电源系统技术管理规范及标准化作业指导书. 北京：中国电力出版社，2008.